Mitteilungen der Porzellanfabrik Ph. Rosenthal & Co. A.-G. Heft 7

Über Verlustwinkel- und Kapazitätsmessungen an Porzellan

Von

Dr.-Ing. K. Draeger
Oberingenieur der
Porzellanfabrik Ph. Rosenthal & Co. A.-G.
Selb in Bayern

Mit 22 Textabbildungen

Berlin
Verlag von Julius Springer
1925

ISBN 978-3-642-98719-9   ISBN 978-3-642-99534-7 (eBook)
DOI 10.1007/978-3-642-99534-7

Alle Rechte, insbesondere das der Übersetzung
in fremde Sprachen, vorbehalten.

Von den früheren Heften der
„Mitteilungen der Porzellanfabrik Ph. Rosenthal & Co. A.-G."
sind die Hefte 1, 2 und 6 im Verlage von Julius Springer in Berlin W 9,
die Hefte 3 −5 im Selbstverlage der Firma Ph. Rosenthal & Co. A.-G. erschienen.

Vorwort.

Die außerordentlich hohen Anforderungen, die heute an die Hochspannungsisolatoren in elektrischer und mechanischer Hinsicht gestellt werden, lassen es angebracht erscheinen, neben den bisher üblichen Prüfungsarten noch andere hinzuzuziehen, die geeignet sind, die Brauchbarkeit der Porzellanmasse nicht nur an besonders hergestellten Probestücken, sondern auch an fertigen Isolatoren, mehr als das bisher möglich war, festzustellen. Es stellte sich dabei heraus, daß die Messung des Verlustwinkels, die in der übrigen Isoliertechnik schon seit langem vorgenommen wird, auch bei Porzellan eine wertvolle Ergänzung zu den übrigen Untersuchungsarten gibt, so daß die Ergebnisse von allgemeinerem Interesse sein dürften.

Selb (Bayern), im September 1925.

Dr.-Ing. K. Draeger.

Inhaltsverzeichnis.

Übersicht[1].

Durch Vorversuche wird der Einfluß der Abschirmung und der übrigen Versuchsanordnung auf die gemessenen Werte des Verlustwinkels und der Kapazität festgestellt, ferner die Änderungen durch Verwendung verschiedener Armaturbefestigungen und Bindungen. Die Kapazität der gebräuchlichsten Hängeisolatorenformen wird bei betriebsmäßiger Aufhängung gemessen. Dann werden die Eigenschaften von verschiedenen Porzellanplatten und vollständigen Porzellan-Hängeisolatoren durch Verlustwinkel- und Kapazitätsmessungen untersucht. Eine etwa lineare Beziehung wird zwischen dem Verlustwinkel und der Durchschlagsspannung unter Öl bei nahezu sinusförmigem Wechselstrom, nicht aber zwischen dem Verlustwinkel und der Durchschlagsspannung bei Stoßbeanspruchung gefunden; Die Abhängigkeit von der Spannung, der Zeitdauer der Spannungseinwirkung, der Frequenz und Temperatur wird angegeben. Eine elektrische Elastizitätsgrenze bzw. Fließgrenze kann weder bei gleichzeitiger noch bei zeitlich verschiedener mechanischer Belastung festgestellt werden. Schließlich werden aus dem Verhalten der verschiedenen Isolatoren einige Schlüsse auf den physikalischen Vorgang beim Durchschlag gezogen.

A. Einleitung.

Während man bei Kabeln, überhaupt bei allen geschichteten und faserigen Isoliermaterialien schon seit längerer Zeit die Verluste bei der Betriebsspannung bestimmt und daraus auf die Geeignetheit des Materials bei der betr. Spannung schließt, ist man bei keramischen Stoffen erst in der letzten Zeit dazu übergegangen, die Verlustwinkel bei Hochspannung zu messen. Da beabsichtigt ist, diese Messungen neben den Durchschlags- und Überschlagsprüfungen in die allgemeinen Prüfvorschriften aufzunehmen, erscheint es angebracht, die Verhältnisse bei kera-

---

[1] Vgl. Draeger, K.: ETZ 1925, S. 683.

mischen Stoffen, vor allen Dingen bei Porzellan, näher zu untersuchen. Die hierzu zu verwendenden Methoden weichen von denen bei Kabeln dadurch ab, daß die Werte des Verlustwinkels bei keramischen Stoffen außerordentlich niedrig sind. Mit Leistungsmessungen als Differenzmessungen sind daher die Verluste nur sehr ungenau zu bestimmen. Eine Methode zur genauen Messung des Verlustwinkels ist in der Physikalisch-Technischen Reichsanstalt[1]) ausgearbeitet worden. Verwendet wird hierbei ein Zylinderkondensator aus Porzellan. Die in vorliegender Arbeit verwendete Anordnung unterscheidet sich in mancher Hinsicht von der von Burmester. Neben reinem Porzellan sollten vor allen Dingen auch fertigmontierte Porzellanisolatoren zur Untersuchung herangezogen werden, um einmal festzustellen, ob sich auch hierbei praktisch verwertbare Ergebnisse erzielen lassen. Insbsondere sollte nachgewiesen werden, ob man auch bei Porzellan aus den Verlustwinkelmessungen Schlüsse auf die Verwendbarkeit verschiedener Porzellanmassen ziehen kann.

B. Versuchsanordnung und Vorversuche.
1. Verwendete Maschinen und Apparate.

Als Stromerzeuger diente ein Generator, der mit einem Drehstrommotor unter Dazwischenschaltung eines Schwungrades direkt gekuppelt ist. Die Änderung der Spannung geschieht durch Änderung der Erregung. Die Hochspannung wird in einem 200-kVA-Transformator erzeugt; die Kurvenform war bei 50 Per./Sek. nahezu sinusförmig; dagegen trat bei 40 Perioden in der Sekunde eine starke Verzerrung ein, die durch Parallelschaltung von Kondensatoren auf der Hochspannungsseite ausgeglichen wurde. Die Scheitelfaktoren in Abhängigkeit von Spannung und Frequenz

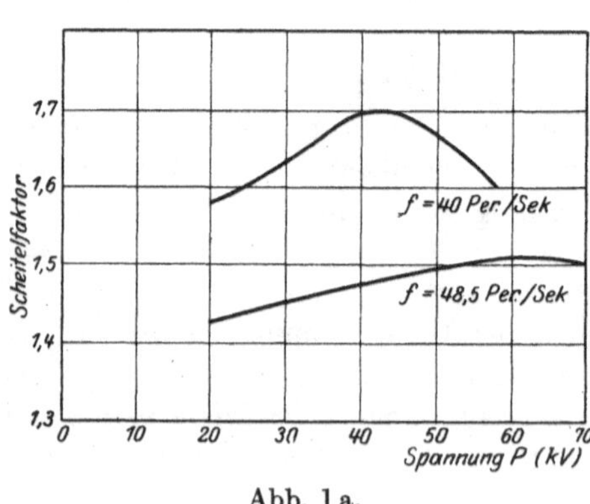

Abb. 1 a.

[1]) Vgl. Burmester, Arch. Elektrot. 1924, Heft 2.

sind in Abb. 1 dargestellt. Ein Einfluß der Kurvenform war jedoch weder auf die Verlustwinkel- noch auf die Kapazitätswerte nachzuweisen. Bei gleichen Effektivwerten der Spannung ergaben sich dieselben Werte ohne Rücksicht auf den Scheitelfaktor.

Als Nullinstrument in der Wechselstrombrücke wurde ein Vibrationsgalvanometer von Hartmann & Braun mit Gleichstromerregung benützt. Je nach der Frequenz können verschiedene Nadeleinsätze verwendet

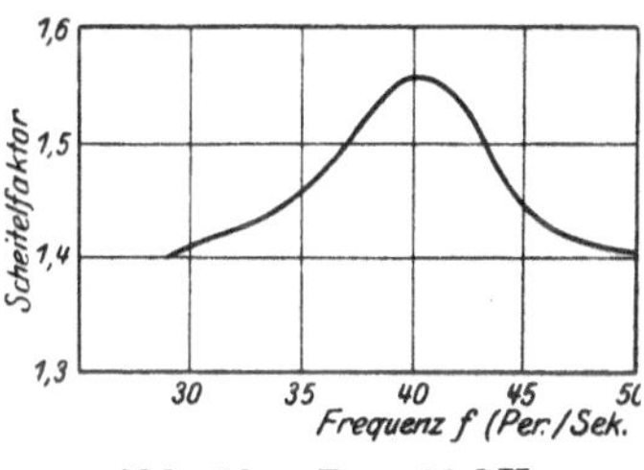

Abb. 1 b. $P = 20$ kV.

und damit verschiedene Empfindlichkeiten erreicht werden. Die Stromstärke für 1 mm Bildverbreiterung beträgt bei 50 Perioden in der Sekunde bei dem verwendeten Einsatz etwa 19×10^{-8} Amp.

Als verlustfreie Vergleichskapazität bis 150 kV diente ein Luftkondensator nach Petersen (Abb. 2) mit einer Kapazität

Abb. 2. Luftkondensator für $150\ \mathrm{kV_{max}}$.

von etwa 30 cm. Die Abmessungen sind so gewählt, daß das Verhältnis Außendurchmesser zu Innendurchmesser gleich der Basis des natürlichen Logarithmensystems ist. Der Luftspalt zwischen Meßzylinder und geerdetem Schutzzylinder ist nur Bruchteile von Millimetern breit, so daß eine Feldverzerrung an den Rändern vollkommen vermieden wird und die Kapazität genau berechenbar ist.

Ferner wurden sorgfältig geeichte Stöpselwiderstände und Glimmerkondensatoren von Hartmann & Braun verwendet. Zu den Gleichstrommessungen wurde ein Spiegelgalvanometer von Hartmann & Braun mit 2 Systemen benutzt. Die ballistische Konstante bei dem verwendeten System betrug etwa 0,0175 Mikrocoulomb/cm; die halbe Schwingungsdauer wurde zu etwa 18 Sekunden gemessen.

2. Schaltung für die Wechselstrom- und Gleichstrommessungen.

Die zu den Wechselstrommessungen verwendete Brückenschaltung (nach Schering) ergibt sich aus Abb. 3. Man kann den Kondensator mit einem bestimmten Verlustwinkel im Kreise 1 ersetzen durch einen verlustfreien Kondensator und einen induktionsfreien Widerstand, und zwar ist hierbei sowohl Reihenschaltung als auch Parallelschaltung möglich und ergibt mathematisch denselben Wert. Es ist aber physikalisch richtiger, den Kondensator und den induktionsfreien Widerstand parallel zu schalten. Bei Stromlosigkeit im Brückenzweige gelten die bekannten Formeln, und zwar:

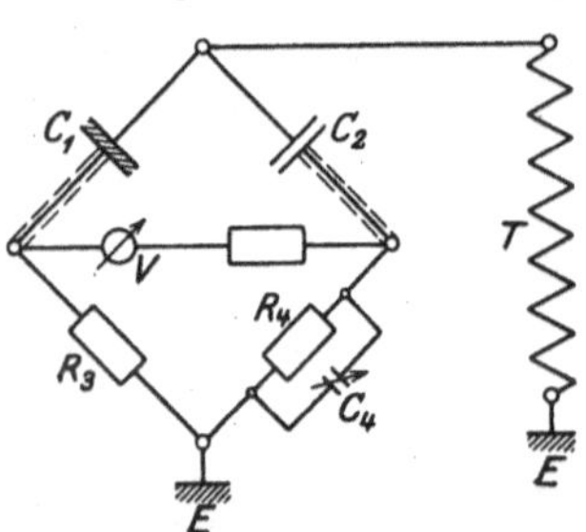

Abb. 3. Schaltbild zu den Wechselstrommessungen.

C_1 Isolator, C_2 Vergleichskapazität, C_4 Veränderliche Kapazität, R_3, R_4 Induktionsfreie Widerstände, V Vibrationsgalvanometer, E Erde, T Transformator.

$$\tan d_1 = - w \cdot R_4 \cdot C_4;$$

wobei d_1 den Verlustwinkel, R_4 und C_4 den induktionsfreien Widerstand und die Kapazität im Brückenzweige 4 bedeuten.

Bei kleinen Verlustwinkeln ist die Kapazität:

$$C_1 = C_2 \cdot \frac{R_4}{R_3};$$

bei größeren Verlustwinkeln (von $\mathfrak{d} \approx 4^0$ ab):

$$C_1 = \frac{1}{\mathfrak{R}_1 \cdot w} \cdot \cos d_1 \cdot 9 \cdot 10^{11} \text{ cm};$$

wobei $\mathfrak{R}_1$ den scheinbaren Widerstand des Isolators darstellt:

$$\mathfrak{R}_1 = \mathfrak{R}_2 \frac{\mathfrak{R}_3}{\mathfrak{R}_4}.$$

Der Verlustwiderstand des Isolators berechnet sich zu:

$$R_1 = \frac{\mathfrak{R}_1}{\sin d_1} \approx \frac{R_1}{\operatorname{tang} d_1}.$$

Der Vollständigkeit halber wurde außerdem die Kapazität noch bei Gleichstrom bestimmt. Zur Messung dieser sehr kleinen Werte gibt es verschiedene Möglichkeiten, und zwar ist die einfachste Methode die Vergleichsmethode mit einer bekannten Kapazität, wobei als Vergleichskapazität der Luftkondensator verwendet wurde. Die Schaltung ergibt sich aus Abb. 4, der Aufbau der

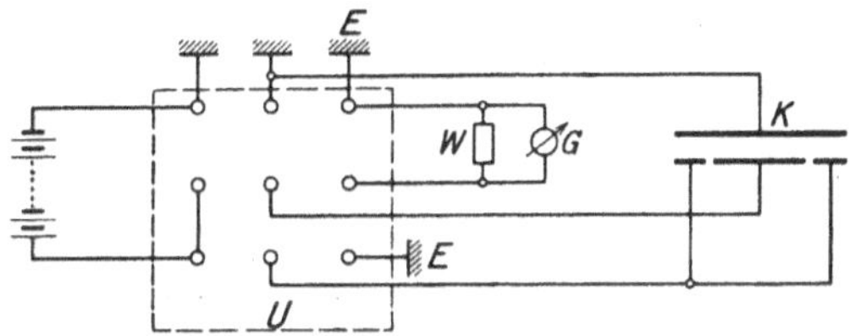

Abb. 4. Schaltbild zu den Gleichstrommessungen.
U Umschalter, *G* Galvanometer, *W* Parallelwiderstand, *K* Kondensator, *E* Erde.

Anordnung bis 1000 Volt aus Abb. 5. Zur Erzeugung der Gleichstromspannung wurde eine Hochspannungsbatterie bzw. für höhere Spannungen ein mechanischer Gleichrichter benützt, bei dem durch Parallelschaltung größerer Kondensatoren sowie durch Vorschaltung von Drosselspulen eine hinreichend gleichmäßige Spannung erzielt wurde. Bei dieser Methode stellte es sich heraus, daß die Fehlergrenze bis $\pm 15\,^0/_0$ beträgt, so daß die angegebenen Werte nur einen mehr orientierenden Charakter besitzen. Es ergeben sich nämlich folgende Fehlerquellen:

a) Bei der verwendeten hohen Gleichspannung genügt die Isolation nicht, so daß während des Umschaltens ein Teil der Ladung direkt zur Erde abfließt. Durch sehr schnelles Umschalten wurde dieser Fehler verringert.

b) Bei der zu messenden außerordentlich kleinen Kapazität des Isolators sind die Eigenkapazitäten der Meßanordnung nicht zu vernachlässigen, so daß die Kapazität der Meßanordnung durch besondere Messungen eliminiert werden mußte.

Abb. 5. Anordnung der Apparate für die Gleichstrommessungen bis 1000 Volt.

c) Durch die, wenn auch kleinen Rückstandserscheinungen wird der ballistische Ausschlag vergrößert, so daß die Kapazität zu hoch gemessen wird. Die Spannung wurde daher jedesmal nur eine halbe Sekunde an das Galvanometer angelegt. Damit bleibt immer noch ein gewisser Fehler bestehen, da die Rückstanderscheinung je nach dem Kittmaterial bei den einzelnen Isolatoren verschieden ist. Die auf diese Weise gefundenen Gleichstromkapazitätswerte sind bei den Frequenzmessungen eingetragen.

3. Versuchsstücke.

Untersucht wurden Hängeisolatoren von verschiedener Masse und Herkunft. Die mit Masse A und B bezeichneten Isolatoren sind Fabrikate der Porzellanfabrik Rosenthal, die der Masse C Fremdfabrikate. Die Masse A wird heute nicht mehr zur Herstellung von Hochspannungsisolatoren verwendet, während die Masse B etwa die bei den jetzigen Hochspannungsisolatoren übliche Zusammensetzung hat. Zur Untersuchung an reinem Porzellan wurden Porzellanplatten verwendet, die mit aufgespritzten Belegen aus Kupfer versehen waren. Um Störungen durch Randwirkung zu vermeiden, war der eine Beleg mit einem Schutzring umgeben. Es stellte sich übrigens heraus, daß man die für reines Porzellan gültigen Werte nur dann erhält, wenn man die Porzellanplatten mit diesem dicht haftenden, alle Vertiefungen ausfüllenden Metallbeleg versieht, während das Aufkleben von Stanniol nicht geeignet ist, da auch bei dünnster Klebschicht noch ein verhältnismäßig großer Zwischenraum zwischen Stanniolbeleg und Porzellan bleibt, außerdem das verwendete Klebmittel z. B. Wasserglas infolge Hintereinanderschaltung mit dem Porzellan einen zusätzlichen Verlustwinkel bewirkt.

Dadurch, daß man mit Hilfe der Schutzringe ein homogenes Feld zwischen den Kupferbelegen erzeugt, kann man außerdem die geometrische Kapazität berechnen und durch Division in die gemessene Kapazität die scheinbare Dielektrizitätskonstante bestimmen.

Von der Verwendung von Porzellanzylindern wurde abgesehen; obgleich man das Feld im Innern berechnen kann, ist das Feld nicht homogen, wenn man nicht verhältnismäßig große Durchmesser verwendet.

4. Vorversuche.

Zur Festsetzung der geeignetsten Anordnung war zunächst festzustellen, in welcher Weise die gemessenen Werte der Kapazität und des Verlustwinkels von der Anordnung selbst beeinflußt werden. Zweifellos müssen bei höherer Spannung die Niederspannung führenden Leitungen abgeschirmt werden. Die Abschirmung geschieht am zweckmäßigsten durch Verlegung der Leitung in einem geerdeten Rohr. Aus demselben Grunde wurden sämtliche Niederspannungsmeßapparate in einem geerdeten Blechkasten eingebaut (Abb. 6).

Die dem Kondensator im Kreise 4 parallelgeschaltete Kapazität der Leitung gegen die Erde betrug nach einer überschlägigen Rechnung 0,0007 Mikrofarad, so daß sie vollständig zu vernachlässigen ist.

Der Einfluß der Entfernung des Isolators von der Erde sowie die Anordnung des Isolators selbst ergibt sich bei Porzellan-

Abb. 6. Anordnung der Apparate für die Wechselstrommessungen.

platten mit Schutzringen aus Zahlentafel 1, bei Porzellanisolatoren aus Zahlentafel 2.

Zahlentafel 1.

Porzellanplatten.

$$P = 20\,\mathrm{kV};\ f = 48{,}5\,\mathrm{Per./Sek.};\ t = 12^0\,\mathrm{C}.$$

Anordnung	tang d_1	$\dfrac{C\,1}{\mathrm{cm}}$
Erde (Blechplatte 90×90 cm) 10 cm vom Versuchskörper entfernt.	0,018	19,9
Erde (Blechplatte 90×90 cm) 10 cm vom Versuchskörper entfernt; außerdem Isolator von Drahtzylinder von 80 cm $\varnothing$ und 35 cm Höhe umgeben.	0,018	19,9
Ohne Drahtzylinder und Blechplatte; Porzellanplatte auf Holzkonsol aufgesetzt, Erde etwa 2 m entfernt	0,018	20,0

Wie zu erwarten war, läßt sich kein Unterschied feststellen, da die Feldverzerrung nur am Rand eintritt und das Feld zwischen den Belegen homogen bleibt. Aus versuchstechnischen Gründen wurde bei den Versuchen die geerdete Blechplatte verwendet, bei der die Erde also 10 cm vom Versuchskörper entfernt war.

Anders liegen die Verhältnisse bei der Prüfung von Isolatoren normaler Form, wie Zahlentafel 2 zeigt.

Zahlentafel 2.

Porzellanisolatoren.

$P = 20\ \mathrm{kV}$; $f = 48{,}5$ Per./Sek.; $t = 12^0$ C.

Bezeichnung	Anordnung	$\mathrm{tang}\,d_1$	$\dfrac{C}{\mathrm{cm}}\,1$
Kegelkopfhänge-Isolator ohne Verguß; 280 mm ⌀	Betriebsmäßige Aufhängung . .	0,121	30,5
desgl.	Hochspannung an der Kappe, Klöppel geerdet	0,120	33,4
desgl.	Wie oben, ferner Oberflächentrom abgefangen	0,034	29,0
Kappenhänge-Isolator	Betriebsmäßige Aufhängung . .	0,111	22,2
desgl.	Hochspannung an der Kappe, Klöppel geerdet; Oberflächenstrom abgefangen.	0,030	21,5
desgl.	Wie oben, ferner allseitig mit geerdetem Käfig umgeben, Abstand 40 cm.	0,050	20,9
Kurzer Motorisolator 11030 mit Schirm	Betriebsmäßige Aufhängung . .	0,320	7,0
desgl.	Hochspannung an der Kappe, Klöppel geerdet; Oberflächenstrom durch Wasserfüllung der unteren Rille abgefangen . .	0,186	3,5
desgl.	Oberflächenstrom durch Wasserfüllung der unteren Rille abgefangen, außerdem mit geerdetem Zylinder umgeben .	0,200	3,6

Man sieht daraus, daß die Verlustwinkel sich beträchtlich mit der Anordnung ändern, hauptsächlich wegen der Oberflächenströme, die außerordentlich verschieden ausfallen, je nach der Beschaffenheit der Oberfläche, die wiederum durch die Luftfeuchtigkeit und die Temperatur bestimmt wird. Man muß also vor allen Dingen die starkschwankenden Oberflächenströme von den Messungen ausschließen, um einwandfreie und wiederherstellbare Werte zu erhalten.

Dies geschieht am einfachsten dadurch, daß man dicht um den mit dem Galvanometer verbundenen Klöppel eine Kupferspirale legt, oder die innerste Rille mit Wasser füllt und direkt erdet. Hierdurch wird allerdings die Feldverteilung wieder beeinflußt, so daß man nur relative Werte, keine absoluten Werte des Verlustwinkels und der Kapazität erhält. Wie aus Zahlentafel 2 hervorgeht, ist jedoch die Abweichung bei Kappenisolatoren in bezug auf die Kapazität gering, bei Motorisolatoren dagegen beträchtlich. Dies ist ohne weiteres erklärlich, wenn man sich die Form der Isolatoren vergegenwärtigt. Bei allen Kappenisolatoren umhüllen sich die Elektroden und ihr gegenseitiger Abstand ist verhältnismäßig gering, so daß die am Porzellanschirm beispielsweise auftretenden Felddänderungen auf die Größe der Kapazität und des Verlustwinkels keinen wesentlichen Einfluß ausüben kann.

Anders ist es bei den Motorisolatoren mit Metallschirmen, bei denen die Elektroden sehr weit auseinanderliegen, so daß durch Beeinflussung der vom Metallschirm ausgehenden, den Rand durchsetzenden Feldlinien Kapazität und Verlustwinkel erheblich geändert werden können.

Da es bei den vorliegenden Versuchen viel mehr darauf ankommt, gute Vergleichswerte als Absolutwerte zu erhalten, wuide bei allen Versuchen, bei denen nichts Besonderes bemerkt ist, der Isolator mit der Kappe nach unten in eine Blechhülse gesteckt, an die die Hochspannung gelegt wurde, während der Klöppel mit dem Galvanometer verbunden und die Kupferspirale bzw. das Wasser direkt geerdet wurden.

Aus Zahlentafel 2 sowie aus den späteren Versuchsarten geht ferner hervor, daß die Verlustwinkel bei verschiedenen Isolatorenformen ganz wesentlich verschieden sind, und zwar hängt dies nicht allein von der äußeren Form sowie den Armaturen, sondern auch von dem Bindemittel zwischen der Armatur und dem Porzellan ab.

Werden die Armaturen nicht direkt mit Metall auf dem Porzellan angebracht, so erhält man z. B. stets bei Verwendung von elastischen Zwischenlagen eine Hintereinanderschaltung verschiedener Dielektrika, wodurch der Verlustwinkel erhöht wird. Man darf also nie die Verlustwinkel verschiedener Isolatorenformen vergleichen; jedenfalls sind diese Vergleiche vollkommen wertlos, da man durchaus nicht behaupten kann, daß ein Isolator mit erhöhtem Verlustwinkel schlechter ist als ein anderer mit niedrigem Verlustwinkel.

Die Erhöhung des Verlustwinkels hat verschiedene Ursachen. Zunächst findet ein wirklicher zusätzlicher Verlust dadurch statt, daß die Rückstandserscheinungen vergrößert werden, daß sich also Ladungen an der Trennfläche der verschiedenen Dielektrike anhäufen. Dann aber wird auch unter Umständen der Gesamtstrom kleiner, während die Wirkkomponente i. a. nicht in demselben Verhältnis abnimmt. (Vgl. S. 12.)

C. Messungen an Isolatoren und Porzellanplatten.
1. Eigenkapazität der gebräuchlichsten Isolatorenformen.

Die nahezu sinusförmige Prüfspannung betrug 30 kV$_{\text{eff}}$, die Periodenzahl 50 Per./Sek., die Temperatur etwa 10° C. Die Bestimmung der Kapazität geschah ohne Abschirmung, wobei der Isolator betriebsmäßig aufgehängt war. Die Erde war etwa 2 m entfernt.

Zahlentafel 3.

Isolatorform	Durchmesser mm	Höhe mm	Kapazität cm
Kappenhängeisolator	280	120	21
Kappenabspannisolator	240	120	26
Untraisolator	320	140	44
Kegelkopfhängeisolator	280	140	29
Kegelkopfabspannisolator	280	130	28
Kugelkopfhängeisolator B.	280	120	46
Kugelkopfabspannisolator B.	240	120	48
Kugelkopfhängeisolator C.	280	120	42
Hewlett-Hängeisolator	250	140	14
Hewlett-Abspannisolator	220	110	11
Kleiner Motorisolator ohne Schirm . .	280	240	3,0
Kleiner Motorisolator mit Schirm . . .	280	240	7,0
Großer Motorisolator ohne Schirm. . .	250	300	2,3
Großer Motorisolator mit Schirm . . .	250	300	5,0

2. Zusammenhang zwischen dem Verlustwinkel und der Durchschlagsspannung unter Öl bzw. bei steilen Gleichstromspannungen[1]).

Bei geschichteten Isoliermaterialien erscheint der Zusammenhang zwischen der Größe des Verlustwinkels und der Durchschlagsspannung hinreichend geklärt. Ein hoher Verlustwinkel deutet darauf hin, daß bei der Betriebsspannung die dielektrischen Verluste zu groß sind. Diese werden vollständig in Wärme umgesetzt, so daß das Isoliermaterial immer wärmer wird und schließlich zugrunde geht, wenn es sich um Papier, oder andere

---

[1]) Vgl. Draeger, K.: ETZ 1925, Messeheft.

faserige, verkohlbare Stoffe handelt. Hierbei ist es beinahe gleichgültig, ob es sich um eigentliche dielektrische Verluste oder aber um Entladungen an scharfen Kanten des im Isolator eingebetteten Leiters handelt. Anders verhält es sich bei den keramischen Stoffen, bei denen ein Glimmen am Klöppel oder an der Kappe z. B. keineswegs zu einer Zerstörung des Materials führt, so daß man auf die Vermeidung von Glimmerscheinungen am Isolator, zumal wenn sie noch von der Kappe ausgehen, nicht allzu ängstlich bedacht zu sein braucht. Selbstverständlich soll der Isolator bei der Betriebsspannung ruhig sein. Von vielen Elektrizitätswerken aber wird es gewünscht, daß das erste Glimmen nicht sehr hoch über der Betriebsspannung liegt, von der Annahme ausgehend, daß man dadurch ein schnelles Abflachen und Totlaufen von Überspannungswellen erreicht. Während also bei Kabeln und Hochspannungswicklungen die Glimmerscheinungen unbedingt zur allmählichen Zerstörung der Isolation führen, fällt bei keramischen Stoffen dieser Gesichtspunkt fast vollkommen weg.

In diesem Zusammenhang sei auch noch auf eine Erscheinung hingewiesen, die in letzter Zeit vielfach an zusammengehanften bzw. aufgehanften Stützisolatoren beobachtet wurde. Es zeigte sich, daß vielfach der Hanf vollkommen verkohlt war, so daß die Isolatoren lose auf der Stütze saßen.

Um festzustellen, ob für diese Verkohlung die dielektrischen Verluste verantwortlich gemacht werden können, wurden daher Messungen an Stützisolatoren vorgenommen, wobei die Stütze zunächst so befestigt war, daß die Wandung des Stützenloches mit der Stütze in leitender Verbindung stand (erreicht durch Wasserfüllung des Stützenloches). Dann war die Stütze in der üblichen Weise mit Hanf und schließlich mit getränkten Papierstreifen befestigt. Die Werte bei Stützisolator 925 B zeigt Zahlentafel 4.

Zahlentafel 4.

$$P = 25 \text{ kV}; \quad f = 48{,}5 \text{ Per./Sek.}; \quad t = 15^0 \text{ C.}$$

Anordnung	Gesamt-strom 10^{-5} Amp.	Wirk-strom 10^{-5} Amp.	Blind-strom 10^{-5} Amp.	tang d_1
Stützisolator 925 B. Stützenloch mit Wasser gefüllt, Oberflächenstrom abgefangen . .	4,0	0,12	4,0	0,03

Zahlentafel 4 (Fortsetzung).

Anordnung	Gesamt-strom 10^{-5} Amp.	Wirk-strom 10^{-5} Amp.	Blind-strom 10^{-5} Amp.	tang d_1
Stütze mit getränkten Papierstreifen befestigt. Oberflächenstrom abgefangen . .	3,8	0,7	3,7	0,19
Stütze eingehanft, sonst wie oben	3,8	0,5	3,75	0,13

Danach ist also der Verlustwinkel bei angehanften bzw. mit Papier aufgebrachten Isolatoren beträchtlich größer, auch wie die letzten Spalten zeigen, die Wirkströme, die eine Erwärmung herbeiführen könnten. Rechnet man aber die Leistung aus, die in dem ganzen Isolator verbraucht wird, so ergibt sich bei 25 kV 0,175 Watt. Eine Erwärmung bis zur Verkohlung ist also nicht anzunehmen, da sich die erzeugte Wärmmenge auf einen großen Raum verteilt. Die Verkohlung ist demnach ganz einfach dadurch zu erklären, daß bei Regen oder unter sonstigen ungünstigen Verhältnissen das Spannungsgefälle zwischen der Eisenstütze und der Wandung des Stützenloches bei trockenem Hanf so groß wird, daß Glimmerscheinungen eintreten und dadurch die Hanffasern zerstört werden. Begünstigt wird dies bei angehanften Stücken noch dadurch, daß einzelne Hanffasern nach unten hängen. Abhilfe kann in einfacher Weise dadurch geschaffen werden, daß entweder das Befestigungsmittel elektrisch leitend gemacht wird, oder die Innenfläche des Stützenloches mit einer leitenden Schicht überzogen und mit der Eisenstütze verbunden wird.

Nach den neueren Anschauungen über den Durchschlag fester Isolatoren muß irgendein Zusammenhang zwischen dem Verlustwinkel und der Durchschlagsspannung ganz allgemein vorhanden sein, ganz gleichgültig ob der Durchbruch auf eine reine Wärmewirkung oder auf ein Zusammenarbeiten der Wärme und des elektrischen Feldes zurückzuführen ist. Daß die dielektrischen Verluste, dabei also die durch sie verursachte Erwärmung des Materials, eine Rolle spielen, zeigt die Abhängigkeit der Durchschlagsspannung von der Zeitdauer der Spannungseinwirkung bzw. der Schnelligkeit der Spannungssteigerung. Isolatoren mit großen Verlustwinkeln müssen daher bei niedrigeren Spannungen durchschlagen als solche mit kleinen Verlustwinkeln, vorausgesetzt, daß die Ursache dieser Verluste nicht an der Befestigung der Kappen, sondern am Porzellan selber liegt. Wie schon erwähnt, können hierbei nur Isolatoren von genau derselben Form und denselben Armaturen verglichen werden.

Bestehen die Isolatoren aber außerdem noch aus der gleichen Masse, dann ist für diesen Fall zweifellos die K. W. Wagnersche Auffassung vom Durchschlag als einer reinen Wärmewirkung als gegeben anzusehen. Bei einwandfreien Isolatoren ergibt sich annähernd der gleiche Wert des Verlustwinkels, während bei fehlerhaften Isolatoren der Verlustwinkel höher ist, da der Durchgangsstrom an der geschwächten Stelle größer ist. Auf diese Weise kann man mit einiger Sicherheit fehlerhafte Isolatoren herausfinden. Bei den in Zahlentafel 5 angegebenen Isolatoren wurde nach Messung der Verlustwinkel die Durchschlagsspannung unter Öl bestimmt. Durch das umgebende Öl ist zwar die Feldverteilung etwas anders wie in Luft, insbesonders werden die Vorentladungen unterdrückt, immerhin kann man sagen, daß ein fehlerhafter Isolator, der in Öl früher durchschlägt, auch in Luft eine niedrigere Durchschlagsspannung hat.

Zahlentafel 5.

Isolatorform	tang d bei 20 kV	Öldurch-schlagsspannung (kV)
Kappenisolator, Masse A	0,047	119*
	0,033	120*
	0,039	116*
	0,034	127*
	0,040	152
	0,058	133
	0,054	112*
Untraisolator, Masse B	0,032	172*
	0,038	168*
	0,040	154*
	0,043	160*
	0,050	137*
Kugelkopfisolator, Masse C	0,27	137*
	0,32	131*
	0,44	105*
	0,22	145*

Hierzu ist zu bemerken:

Die mit x) bezeichneten Isolatoren schlugen am Kopfe, die übrigen am Rande durch, wobei dann ein Teil des Lichtbogens durch das Öl ging. Bei den Kopfdurchschlägen nimmt die Durchschlagsspannung für die Kugelkopfisolatoren etwa linear mit zunehmenden Tangens des Verlustwinkels ab, während die Werte bei Kappen- und Untraisolatoren zwar stark streuen, aber auch eine deutliche Abnahme der Durchschlagsspannung mit wachsender Tangensfunktion erkennen lassen, wie Abb. 7 zeigt. Bei den Randdurchschlägen ist die Durchschlagspannung sehr hoch, weil die schwachen Stellen des Isolators sich nicht am Kopf befinden, so daß der Lichtbogen z. T. durch das Öl muß. Trotzdem war ein großer Verlustwinkel gemessen worden, da die Abschirmung nicht so dicht an den Klöppel gelegt werden konnte, daß die durch den Rand verlaufenden Verlustströme abgefangen wurden. Gerade bei den

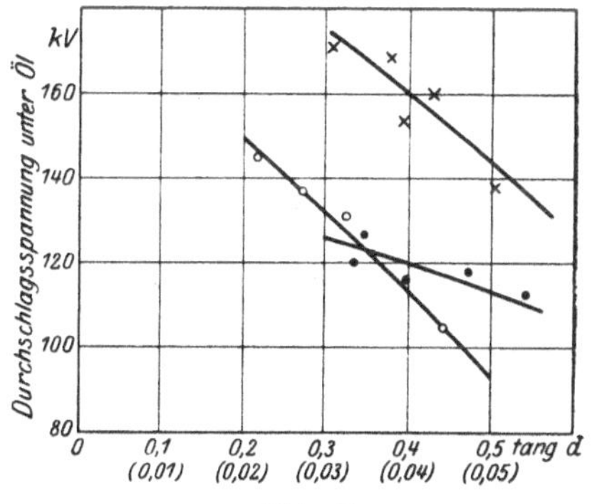

Abb. 7.

● Kappen-Hänge-Isolatoren, Masse A; × Untra-Isolatoren, Masse B; ○ Kugelstopf-Isolatoren, Masse C.

Randdurchschlägen tritt aber andererseits auch die geänderte Feldverteilung unter Öl in die Erscheinung. Während in Luft der Isolator sich selbsttätig durch mehr oder weniger starkes Glimmen davor schützt, daß an einzelnen Stellen die Feldstärke unzulässig hoch wird, ist dies unter Öl nicht möglich. Falsche Ergebnisse können auch dann auftreten, wenn schwache Stellen im Isolator parallel geschaltet sind, so daß der Verluststrom größer wird, als bei einer einzigen, aber noch schwächeren Stelle. Aus diesem Grunde stimmt die Verlustwinkelmessung nicht in allen Fällen mit der Öldurchschlagsspannung überein, immerhin ist sie zur Feststellung schlechter Isolatoren geeignet, wie die Versuchsergebnisse zeigen. Prüft man demnach eine Serie von Isolatoren von der gleichen Form und Zusammensetzung durch, so ergeben die Isolatoren mit auffallend hohen Verlustwinkel fast ausnahmslos niedrige Öldurchschlagsspannungen. Dagegen kann zunächst keine Gesetzmäßigkeit zwischen der Größe des Verlustwinkels und dem Durchschlag bei der Gleichstromstoßprüfung gefunden werden, wie Zahlentafel 6 zeigt.

Zahlentafel 6.

Isolatorform	tang d	Schlagzahl bis zum Durchschlag bei $180\,\mathrm{kV_{max}}$
Kappenhängeisolator, Masse A	0,026	—
	0,046	—
	0,041	470
	0,041	300
	0,035	350
Untraisolator, Masse B	0,028	—
	0,035	—
	0,024	300
	0,024	—
	0,025	—
Kugelkopfisolator, Masse C	0,165	150
	0,259	140
	0,152	15
	0,169	460

In keinem Fall schlugen die Isolatoren mit hohem Verlustwinkel bei der Stoßprüfung früher durch, als solche mit niedrigem Verlustwinkel. Die Werte liegen regellos durcheinander. Es ist dies leicht erklärlich, wenn man annimmt, daß bei langsam veränderlichem Wechselstrom die dielektrischen Verluste ausschlaggebend sind, während die Gleichstromstoßbeanspruchung grundsätzlich verschieden hiervon ist.

Die Erscheinung, daß die mittlere Durchschlagsspannung unter Öl einer Isolatorserie im allgemeinen erhöht wird, wenn durch vorhergehende Stoßprüfung schlechte Stücke ausgeschieden worden sind, steht hiermit nicht im Widerspruch. Bei größeren Fehlern wird der betreffende Isolator selbstverständlich durch beide Prüfungen ausgeschieden. Die mittlere Stoßdurchschlagsspannung liegt aber im übrigen durchweg höher als die Durchschlagsspannung unter Öl.

Interessant ist das Verhalten der Isolatoren der Masse A und C. Während die Durchschlagsspannung unter Öl nicht wesentlich verschieden von der der Isolatoren aus Masse B ist, beträgt der Ausfall bei der Stoßprüfung bei Masse C 100%; ähnlich verhalten sich die Isolatoren aus Masse A. Bezeichnend dabei ist, daß auch bei der mechanischen Belastung die Isolatoren der Masse A und C wiederum stark abfallen gegenüber denen der Masse B.

Was nun die praktische Verwendbarkeit der Verlustwinkelmessungen anbetrifft, so erscheint sie vielleicht geeignet, die Durchschlagsprüfung unter Öl zu ersetzen. Man hat dabei den Vorteil, daß man die zu prüfenden Stücke nicht zu vernichten braucht und daß man daher eine größere Anzahl von Isolatoren untersuchen kann. Andererseits ist es nicht möglich, ganz allgemein einen bestimmten höchstzulässigen Verlustwinkel festzusetzen, man kann vielmehr nur in der Weise vorgehen, daß man eine größere Anzahl von Isolatoren der betreffenden Form mißt, hieraus den mittleren Verlustwinkel bestimmt und danach die höchstzulässige Abweichung nach oben festsetzt. Was die Messungen selbst angeht, so ist die darauf verwendete Zeit kaum höher als bei der Stoßprüfung, da es ja in diesem Falle nicht darauf ankommt, genaue Messungen zu machen, sondern nur festzustellen, ob der Wert innerhalb der festgesetzten Grenze liegt.

3. Abhängigkeit des Verlustwinkels von der Spannungshöhe.

Die von Burmester an Porzellanzylindern ausgeführten Messungen ergaben, daß bis 25 kV der Verlustwinkel sich mit der Spannung nicht ändert. Die an Porzellanplatten gemachten Messungen zeigen, daß selbst bis 55 kV der Verlustwinkel praktisch konstant bleibt, vorausgesetzt, daß man den Beleg dicht genug auf das Porzellan aufbringen kann. Den Einfluß des Bindemittels auf den Kurvenverlauf zeigt Abb. 8. Bei Verwendung von Wasserglas als Bindemittel steigt demnach der Verlustwinkel mit der Spannung erheblich an, ebenso vergrößert sich etwas die Kapazität. Dagegen bleibt der Verlustwinkel bei der mit einem aufgespritzten Kupferbeleg versehenen Porzellanplatte praktisch bis 55 kV konstant, ebenso die Kapazität. Der Kurvenverlauf bei Masse A ist derselbe. Der Unterschied im Kurvenverlauf ist nach den früheren Darlegungen ohne weiteres gegeben. Bei dem Stanniolbeleg mit Wasserglasbindung haben

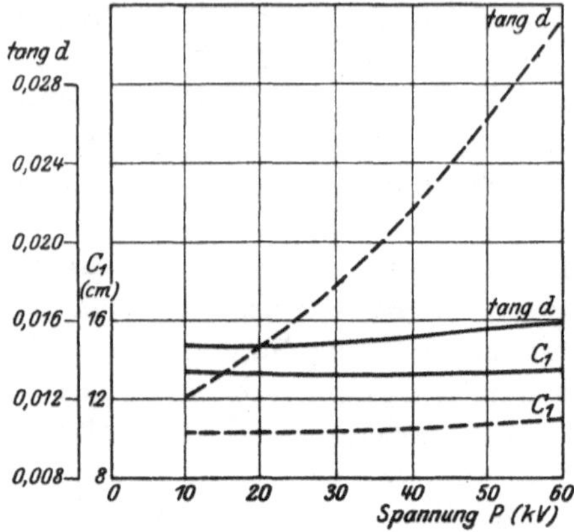

Abb. 8. Porzellanplatten, Masse B.
$f = 48{,}5$ Per./Sek., $t = 12^0$ C.

— — — — Porzellanplatte mit aufgeklebtem Stanniolbelag, —————— Porzellanplatte mit aufgespritztem Kupferbelag.

wir wieder die Hintereinanderschaltung Wasserglas—Porzellan—Wasserglas. Außerdem treten zusätzliche Glimmverluste auf.

Das Verhalten der fertigen Isolatoren in Abhängigkeit von der Spannung ist ähnlich wie bei den mit Stanniolbeleg versehenen Platten. Wie haben außer bei den mit Metall vergossenen Isolatoren eine Hintereinanderschaltung verschiedener Dielektrika, außerdem befinden sich fast stets Zwischenräume zwischen Porzellan und Bindemittel. Bei den in letzteren entstehenden Glimmverlusten ist aber zu beachten, daß gerade dadurch die Elektroden vergrößert werden, so daß andererseits wiederum die Kapazitätsströme größer werden. Je nach der Bauart des Isolators wird also der Verlustwinkel mit steigender Spannung sich in verschiedener Weise ändern, während die Kapazität stets vergrößert wird. In Abb. 9a, 9b und 10 ist für einige Isolatorenformen der Kurvenverlauf angegeben. Dabei ist bei Kugelkopfisclatoren der Verlustwinkel zwar größer, aber konstant, während er beim Kegelkopfisolator so-

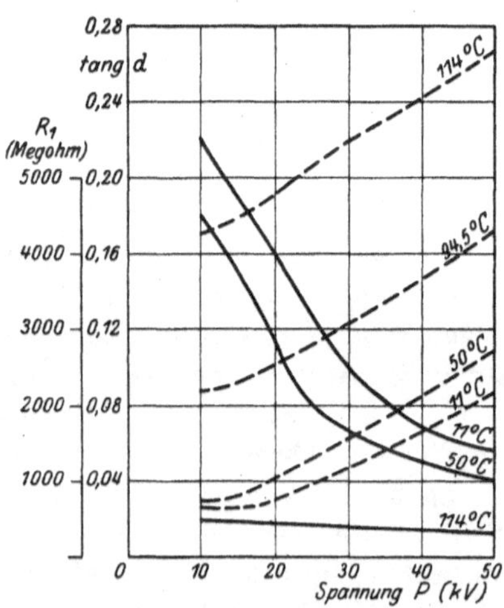

Abb. 9a. Kappenhängeisolatoren, Masse A.

—————— R_1, — — — tang d.

gar mit der Spannung abnimmt. Je nach der besonderen Ausführung kommen aber gerade bei den sogenannten kittlosen Isolatoren beträchtliche Abweichungen vor, so daß es schwer ist, allgemein gültige Regeln aufzustellen.

Bei Kappenisolatoren mit Zementkittung steigt der Verlustwinkel mit der Spannung an, d. h. also der Verluststrom steigt verhältnismäßig schneller als der kapazitive Strom infolge der Elektrodenvergrößerung durch das Glimmen. Die Messungen an Porzellanplatten ergaben, daß der Verlustwinkel sowohl bei Masse A als auch bei Masse B bis zu 60 kV annähernd konstant bleibt. Wie aber Abb. 9a und 9b zeigen, ist das Verhalten der aus Masse A und B hergestellten Isolatoren trotz gleicher Armaturen verschieden. Bei Masse A ist der Verlustwinkel bis etwa 20 kV konstant,

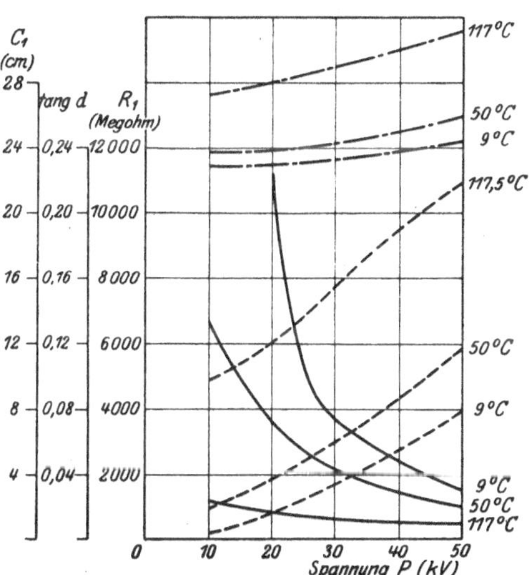

Abb. 9 b. Kappenhängeisolatoren, Masse B.
—·—· C_1, ——— R_1, — — — tang d

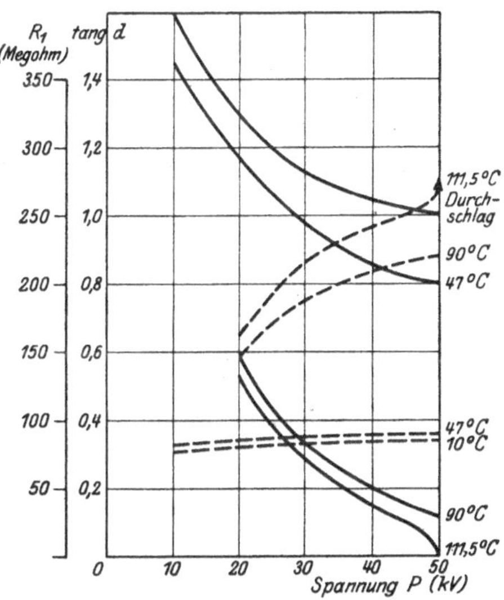

Abb. 10. Kugelkopfisolatoren, Masse C.
——— R_1, — — — tang d.

während er bei Masse B schon von 10 kV ab langsam ansteigt. In Hintereinanderschaltung mit dem auch im gewissen Maße isolierenden Zement verhalten sich also die beiden Massen verschieden, was in Anbetracht der wesentlich verschiedenen Zusammensetzung der Masse A und B ohne weiteres verständlich ist. Die ebenfalls in Abb. 9 und 10 dargestellten Verlustwiderstände fallen mit wachsender Spannung stark ab. Die Kapazität steigt infolge der durch Glimmwirkung scheinbar vergrößerten Elektroden mit der Spannung an.

4. Einfluß der Zeitdauer der Spannungseinwirkung.

Ähnlich wie die Leitfähigkeit bei festen und flüssigen Körpern ändert sich auch der Verlustwinkel unter Umständen stark mit der Zeitdauer der Belastung. In Abb. 11 ist die zeitliche Änderung des Verlustwinkels bei einem Untraisolator bei konstanter Spannung und konstanter Temperatur aufgetragen worden. Der Verlauf ist bei allen Isolatoren annähernd derselbe. Danach zeigt sich zunächst ein starker Anstieg des Verlustwinkels mit der Zeit, wobei der Endwert annähernd nach einer halben bis einer Stunde erreicht ist.

R_1 tang d C_1
(Megohm) (cm)
2000 — 0,05 — 50
tang d
1600 — 0,04 — 40
R_1
C_1
1200 — 0,03 — 30
0   20   40   60   80   100   120
Zeit (Minuten)

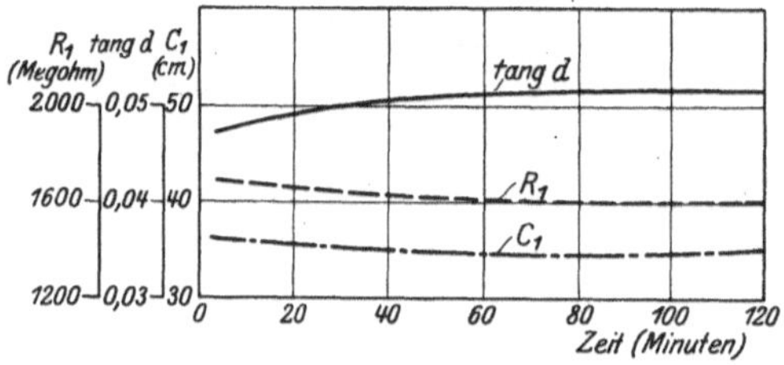

Abb. 11. Untraisolator. $P = 30$ kV; $A = 15^0$ C.
———— tang d, — — — R_1, — $\cdot$ — $\cdot$ C_1.

Das gilt natürlich nur für einen einwandfreien Isolator. Bei fehlerhaften Stücken steigt der Verlustwinkel mit der Zeit stärker an und führt schließlich zum Durchschlag ohne weitere Spannungserhöhung. Die Erklärung für die Änderung des Verlustwinkels ist darin zu suchen, daß infolge der dielektrischen Verluste der Isolator sich erwärmt, so daß der Verlustwinkel größer wird in dem Temperaturbereich, in dem der Verlustwinkel mit der Temperatur steigt. Zwichen Temperaturen von 15—120 ⁰ C ist dies bei Porzellan der Fall. Ganz allgemein gilt für die Verlustwinkeländerungen mit der Zeit dasselbe wie für Leitfähigkeitsänderungen. Geht man von niedrigen Spannungen zu hohen über, so sind die Verlustwinkel kleiner als umgekehrt, falls man nicht die Spannung jedesmal genügend lange einwirken läßt. Um einwandfreie Versuchswerte zu erhalten, muß also nicht nur die Anordnung genau gleich sein, vielmehr müssen die Untersuchungen auch bei genau derselben Temperatur und derselben Spannung ausgeführt werden, wobei zu berücksichtigen ist, daß der Isolator im Innern erst nach längerer Zeit die Temperatur der Umgebung annimmt. Der Verlustwiderstand nimmt mit der Zeit etwas ab, während die Kapazität nahezu konstant bleibt.

5. Einfluß der Temperatur.

Mit wachsender Temperatur nimmt die Leitfähigkeit stark zu, während die scheinbare Dielektrizitätskonstante sich wenig ändert. Der Verlustwinkel muß demnach bei wachsender Temperatur ebenfalls stark zunehmen. Abb. 12 zeigt das Verhalten von reinem Porzellan in Abhängigkeit von der Temperatur. Die Versuche wurden in der Weise vorgenommen, daß die Versuchskörper in einen allseits geschlossenen Holzkasten gebracht wurden. Durch Heizwiderstände wurde der Kasten erwärmt. Die Hochspannung wurde seitlich durch eine Öffnung frei durchgeführt. Wegen der Feldverzerrung ist bei den Isolatoren der Verlustwinkel größer als bei der bisherigen Versuchsanordnung (siehe Zahlentafel 2). In Abb. 13 sind zum Ver-

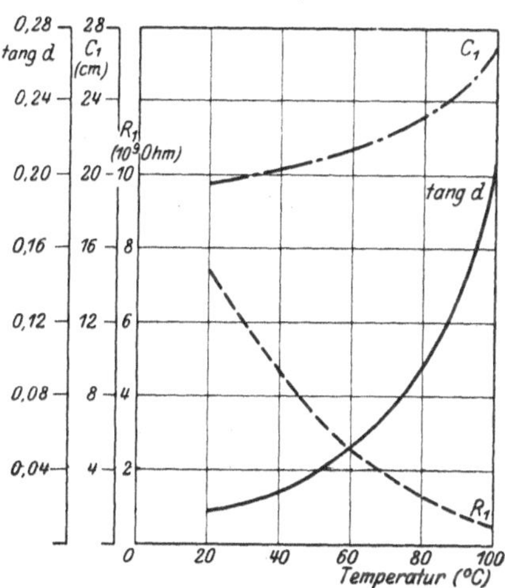

Abb. 12. Porzellanplatte, Masse A.
$P = 20$ kV, $f = 48{,}5$ Per./Sek.
— — · C_1, — — — R_1, ——— tang d.

gleich die Tangenskurven bei gleicher Form für verschiedene Massen in dasselbe Blatt eingetragen. Die Platten hatten verschiedene Stärken, so daß die Kapazitäten nicht gleich sind. Es ergibt sich ein gänzlich verschiedenes Verhalten der beiden Massen bei Temperatursteigerung; während die Verlustwinkel-

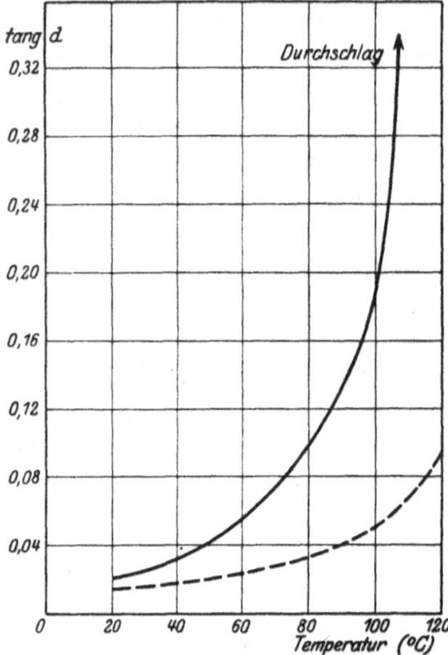

Abb. 13. Porzellanplatten. $P = 20$ kV, $f = 48{,}5$ Per./Sek.

———— Masse A, — — — Masse B.

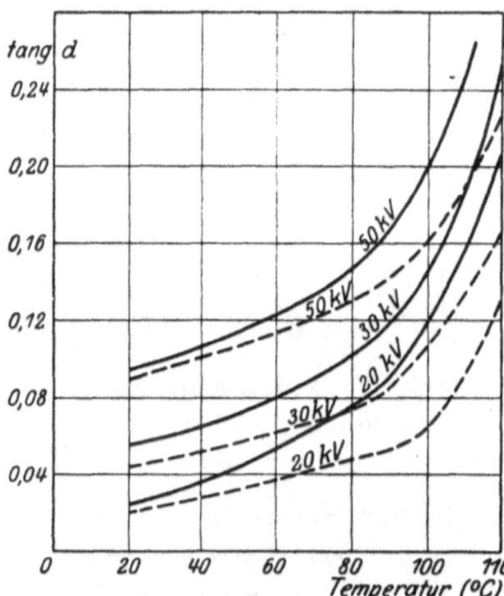

Abb. 14. Kappenhängeisolatoren. $f = 48{,}5$ Per./Sek.

———— Masse A, Masse B,

kurve der Masse B allmählich ansteigt und erst über 100 °C stärker umliegt, wächst bei Masse A der Verlustwinkel schon ab 60° sehr stark mit der Temperatur an. Bei 107° C steigt der Verlustwinkel bei Masse A dauernd, auch ohne weitere Temperatursteigerung, an und schließlich erfolgte nach etwa 15 Minuten der Durchschlag; andererseits aber zeigte sich, daß eine Schädigung durch die hohe Temperatur an sich nicht eintrat, wenn man die Spannung wegnahm und allmählich wieder abkühlte. Es ergab sich dann genau derselbe Verlustwinkel wie vor der Erwärmung, obgleich die Tangensfunktion des Verlustwinkels bis auf 0,3 gestiegen war und noch dauernd weiter anwuchs. Wir haben demnach hier einen typischen Fall des Durchschmorens, denn von einem eigentlichen Durchschlag kann man kaum reden.

Die scheinbaren Kapazitäten bzw. Dielektrizitätskonstanten steigen mit der Temperatur an, und zwar bei Masse A wiederum mehr, als bei Masse B.

In Abb. 14 sind weiter die Tangensfunktionen des Verlustwinkels, in Abb. 15 die Verlustwiderstände R_1 und die scheinbaren Kapazitäten C_1 von Kappenisolatoren über der Temperatur aufgetragen. Demnach steigt auch hier der Verlustwinkel mit der Temperatur in dem Bereich von etwa 10—120°C zuerst schwach, dann stark an, während die scheinbare Kapazität ebenfalls zunimmt. Dagegen fällt natürlich der Widerstand stark ab. Der Abfall des Widerstandes ist verschieden, je nach der Spannung, und zwar ist er bei der höheren Spannung verhältnismäßig gering, dagegen bei niedriger Spannung sehr stark. Bei der Höchsttemperatur von 120° unterscheiden sich die Widerstände nicht mehr wesentlich voneinander und streben augenscheinlich einem konstanten Endwert zu, ohne Rücksicht auf die verwendete Spannung. Ebenso wie bei hoher Temperatur der Einfluß der Spannung gering ist, ist bei hohen Spannungen der Temperatureinfluß klein.

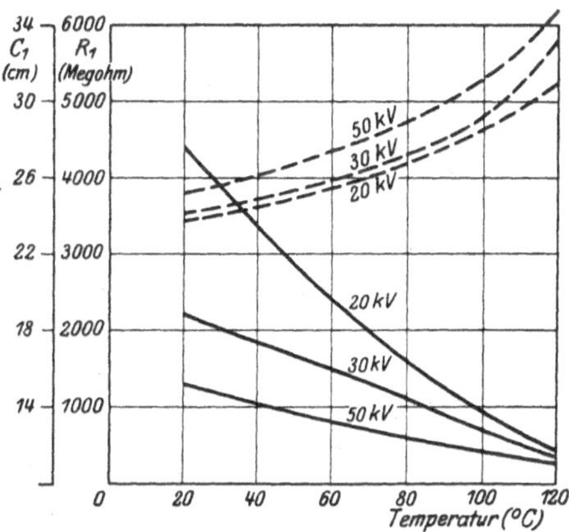

Abb. 15. Kappenhängeisolatoren. Masse A.
——— R_1, — — — C_1.

Spannung und Temperatur wirken also in demselben Sinne, was dadurch zu erklären ist, daß der Einfluß der Spannungsänderung im wesentlichen bedingt ist durch die bei hoher Spannung stärkere Erwärmung der Strombahnen. In Abb. 14 ist zum Vergleich das Verhalten von Kappenisolatoren dargestellt, die genau dieselbe Form, Bindemittel und Armaturen besitzen, aber entsprechend den in Abb. 13 dargestellten Porzellanplatten aus verschiedenen Massen A und B bestehen. Der Kurvenverlauf ist ähnlich wie in Abb. 13. Auch hier steigt der Verlustwinkel bei Masse A beträchtlich stärker mit der Temperatur an als bei Masse B. Der Durchschlag findet hier ebenfalls bei etwa 100°C (50 kV) statt, während aus der Tangenskurve der Masse B hervorgeht, daß sich die Masse B auch bei 120°C noch nicht in dem labilen Bereich befindet.

Zwischen der Widerstandsfähigkeit bei langsam sich änderndei Temperatur und bei Temperaturstürzen besteht eine Parallele wie Wärmesturzversuche (Erwärmen auf 90°; plötzliches Ab kühlen auf 15° und umgekehrt) zeigen; während nämlich bei Masse A durch derartige Tauchproben Beschädigungen vor kommen, ist dies bei Isolatoren der Masse B, auch bei größerer Temperaturdifferenzen, nicht der Fall. Abb. 14 zeigt ferner, daß der scharfe An stieg des Verlustwinkels bei einer hohen Span nung eher einsetzt, als bei einer niedrigen, so daß Isolatoren, die dauernd unter einer hohen Spannung ste hen, bei Temperatur wechsel mehr gefährdet sind, als solche bei ge ringer Spannung. Es ergibt sich daraus, daß bei längeren Hänge ketten, wo die verschie denen Glieder verschie dene Spannungsanteile aufweisen, es zweck mäßig ist, die Vertei lung zu vergleich

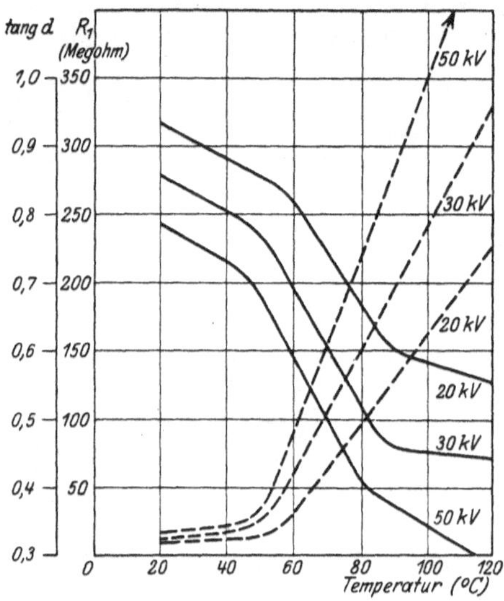

Abb. 16. Kugelkopfisolator, Masse C.
———— R_1. — — ·· — tang d.

mäßigen, oder jedenfalls dafür zu sorgen, daß das untere am meisten belastete Glied entlastet wird[1]). In Abb. 16 ist noch das Verhalten eines Kugelkopfisolators der Masse C dargestellt, der während der Versuche bei 110° C durchschlug. Man erkennt, daß bereits bei 50° C die Kurve des Verlustwinkels fast recht winklig nach oben biegt, so daß Isolatoren aus dieser Masse eben falls leicht bei Temperaturänderungen zerstört werden, was sich durch Wärmesturzversuche bestätigte. Der scharfe Anstieg in der Verlustwinkelkurve tritt auch hier um so früher ein, je höher die Spannung ist, d. h. zu dem Durchschlag ist nicht nur

---

[1]) Vgl. Altmann, E.: El.-Journal 1924, Heft 9; 1925, Heft 1.

eine bestimmte Temperatur, sondern auch eine bestimmte Spannung erforderlich.

6. Einfluß der Frequenz.

Zwischen dem Einfluß von Temperatur und Frequenz auf den Verlustwinkel besteht ein gewisser Zusammenhang, der sich daraus erklärt, daß Temperatur und Frequenz auf die Nachladungserscheinungen in ganz bestimmtem, voneinander abhängigem Sinne einwirken. Es gilt allgemein das „Temperaturgesetz der korrespondierenden Zustände", wonach in dem Temperaturbereich, in dem der Verlustwinkel bei konstanter Frequenz mit steigender Temperatur ansteigt, der Verlustwinkel bei konstanter Temperatur mit steigender Frequenz abnimmt und umgekehrt[1]).

Abb. 17—19 zeigen den Einfluß der Frequenz. Daraus geht hervor, daß das Porzellan sich ähnlich verhält wie andere Iso-

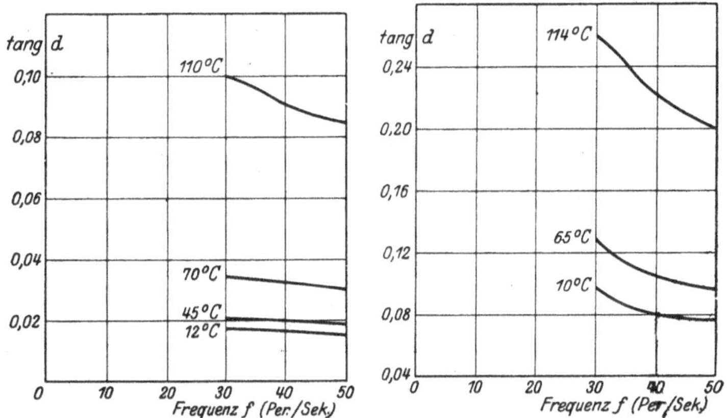

Abb. 17. Porzellanplatte, Masse *B*.
P = 20 kV.

Abb. 18. Kappenhängeisolator,
Masse *A*. *P* = 20 kV.

lierstoffe. Bei steigender Frequenz sinkt der Verlustwinkel. Ferner geht hervor, daß bei hoher Temperatur der Anstieg des Verlustwinkels mit sinkender Frequenz stärker ist als bei niedriger, so daß die Kurven verschoben erscheinen.

---

[1]) Vgl. Wagner, K. W.: Isolierstoffe der Elektrotechnik; herausgegeben von H. Schering.

Wie der weitere Verlauf der Frequenzkurven bei sehr niedriger Frequenz ist, läßt sich mit Sicherheit nicht voraussagen, da die Messungen nicht weiter ausgedehnt werden konnten. Der Verlauf bei hoher Temperatur deutet aber darauf hin, daß die Kurven wieder umbiegen, so daß der Verlustwinkel bei niedriger Frequenz wieder kleiner wird. Der Wert bei Gleichstrom ist unbestimmt, man erhält verschiedene Werte, je nachdem, über welchen Zeitraum man die Messung erstreckt. Es ergibt sich hierbei infolge der Rückstandserscheinungen dieselbe Unsicherheit wie bei der Bestimmung der Gleichstromkapazität. Vernachlässigt man aber die sehr kleinen Wirkströme bei Gleichstrom, so gehen die Tangensfunktionen durch den Ursprung.

In Abb. 19a und 19b sind der Verlustwiderstand und die Kapazität über der Frequenz aufgetragen. Die Verlustwiderstände nehmen mit fallender Frequenz stark zu, und zwar um so mehr, je niedriger die Temperatur ist. Ihren Höchstwert erreichen sie bei Gleichstrom. Die scheinbaren Kapazitäten bzw. Dielektrizitätskonstanten sind bei niedriger Temperatur in dem betreffenden Frequenzbereich fast konstant, bei höheren Temperaturen nehmen sie mit fallender Freqenz etwas zu.

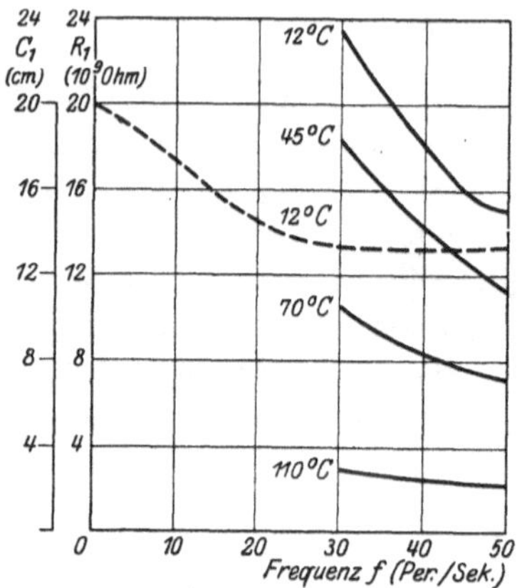

Abb. 19 a.   Porzellanplatte, Masse B.
$P = 20$ kV.

——— R_1,   — — — C_1.

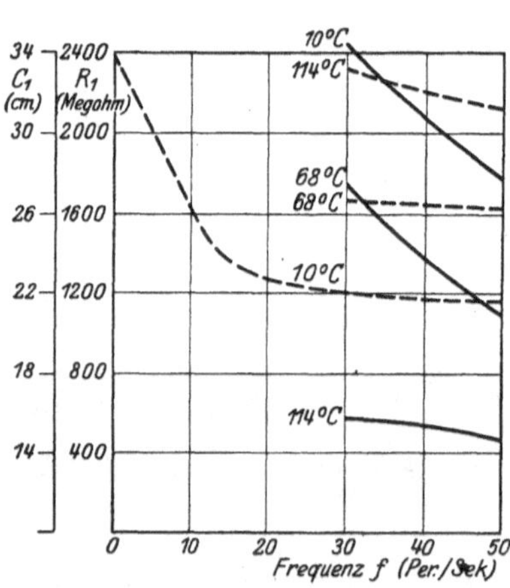

Abb. 19 b.   Kappenhängeisolator,
Masse A. $P = 20$ kV.

——— R_1,   — — — C_1.

Die Kurven sind also auch hier verschoben. In Abb. 19 ist ferner der Gleichstromwert für die Kapazität unter der Frequenz 0 bei einer Temperatur von etwa $10^{\,0}$ C eingetragen. Die bei Gleichstrom gemessene Kapazität ist demnach höher, als bei 50-periodigem Wechselstrom. Absolutwerte sind aber kaum anzugeben, da die Gleichstromwerte, wie schon erwähnt, von vielen Faktoren stark abhängig sind.

Da das elektrische Feld, demnach auch die geometrische Kapazität bei den verwendeten Platten berechenbar ist, läßt sich durch Division in die gemessene Wechselstrom-Kapazität die scheinbare Dielektrizitätskonstante des verwendeten Porzellans berechnen. Sie ergibt sich bei einer Temperatur von etwa $10^{\,0}$ C und 50 Per./Sek. für

Masse A . . . . zu 5,90
Masse B . . . . zu 5,75

7. Einfluß der mechanischen Belastung.

Nach amerikanischen Berichten nimmt die Durchschlagsspannung der normalen Hängeisolatoren bei mechanischer Belastung ab, und zwar wird angegeben, daß die Abnahme verschieden ist, je nachdem man die mechanische und elektrische Belastung gleichzeitig oder nacheinander vornimmt. Es sollen diese Erscheinungen für eine gewisse Elastizität des Materials sprechen. Bei Belastung würde die Leitfähigkeit des Isolators dabei infolge einer gewissen Dehnung in der Zugrichtung größer sein als senkrecht dazu. Nach Entlastung würde sich der Isolator wieder zusammenziehen, falls die Belastung nicht bis zur „Fließgrenze" gesteigert wird, und die Leitfähigkeit würde wieder ihren ursprünglichen Wert annehmen. Durch Messungen des Verlustwinkels muß sich diese Erscheinung einwandfrei nachweisen lassen. Die Werte der Zahlentafel 7 sind bei zeitlich verschiedener mechanischer und elektrischer Belastung aufgenommen worden.

Eine Vergrößerung des Verlustwinkels ist also nicht einwandfrei nachweisbar, da die kleinen Änderungen teilweise innerhalb der Meßfehlergrenzen liegen und außerdem geringe Temperaturschwankungen bei den lange dauernden Versuchen nicht zu vermeiden sind. Die Belastung von 1500 kg bzw. 4000 kg stellt etwa $70^{\,0}/_0$ der durchschnittlichen Bruchfestigkeit dar.

Zahlentafel 7.

$$P = 20 \text{ kV}; \quad t = 12^0 \text{ C}; \quad f = 48,5 \text{ Per./Sek.}$$

Isolatorform	Belastung in kg	Zeitdauer der Belastung in Stunden	tang d
	0	0	0,047
	1500	15	0,049
	1500	65	0,047
	0	0	0,048
	1500	15	0,053
Kappenhängeisolator, Masse A	1500	65	0,049
	0	0	0,042
	1500	15	0,044
	1500	65	0,045
	0	0	0,043
	1500	15	0,041
	0	0	0,123
Kegelkopfisolator, Masse B .	4000	3	0,120
	4000	44	0,130

Einige Werte bei gleichzeitiger mechanischer und elektrischer Belastung zeigt Zahlentafel 8.

Zahlentafel 8.

Die Anordnung ist hier gegenüber der bei den bisherigen Versuchen geändert[1]. so daß der Absolutwert des Verlustwinkels größer ist.

Isolatorform	Belastung in kg	tang d
	0	0,062
	800	0,066
	0	0.066
	1000	0,066
	1700	0,067
Kappenhängeisolator, Masse A . . .	2000	0,067
	0	0,071
	700	0,071
	1000	0,071
	1700	0,076
		0,115[2]

[1]) Der Isolator befindet sich in einem geerdeten Gestell.

[2]) Gemessen nach 20 Min. Belastung mit 1700 kg; Durchschlag nach weiteren 5 Min. ohne Belastungs- und Spannungsänderung.

Zahlentafel 8 (Fortsetzung).

Isolatorform	Belastung in kg	tang d
Kappenhängeisolator, Masse A ...	0	0,072
	700	0,072
	1100	0,071
	1500	0,071
	1800	0,134[1])
	0	0,073
	700	0,076
	1200	0,075
	1700	0,076
	2200	0,102
		0,137[2])
Kappenhängeisolator, Masse B ..	0	0,075
	560	0,076
	800	0,073
	1800	0,077
	2500	0,077
	3500	0,076
	4500	0,077
Untraisolator, Masse B	0	0,060
	900	0,060
	2000	0,060
	2600	0,060
	3500	0,060
	4000	0,059
	5500	0,059
	6500	0,059
Kugelkopfisolator, Masse C	0	0,22
	500	0,21
	1000	0,23
	1500	0,25
	2000	0,23
	2900	0,22
	3500	0,23
	4300	Durchschlag

Auch hier ist ein Anstieg des Verlustwinkels mit großer Belastung nicht nachweisbar. Bis wenig unterhalb der Bruchgrenze bleibt der Verlustwinkel ungeändert, um dann bei einer gewissen Belastungsgrenze ohne weitere Belastung bis zum Durchschlag anzusteigen. Der Durchschlag erfolgt nicht plötzlich, wie man

---

[1]) Durchschlag erfolgt 2 Min. nach Belastung mit 1800 kg.

[2]) Gemessen nach 20 Min. Belastung. Nach 7tägiger Ruhe mit der Belastung $0 : \text{tg}\, d = 0,130$. Durchschlag erfolgte erst bei einer Spannungssteigerung auf 25 kV.

nach der bisherigen Anschauung über den kurzschlußartigen Niederbruch des Isoliermittels annehmen mußte. Vielmehr dauert es lange Zeit, oft 20—30 Minuten, ehe der völlige Durchbruch eintritt. Trotzdem ist der Isolator sofort bei Erreichung der kritischen Belastung geschwächt. (Im Gegensatz zu dem Durchschlag bei hoher Temperatur, wo bei allmählicher Abkühlung das Porzellan wieder die normale Eigenschaft erhält.) Auch wenn man sofort mit Spannung und Belastung zurückgeht, ist der Durchschlag bei einer erneuten Spannungsbelastung auch ohne mechanische Belastung unvermeidlich. Augenscheinlich hat sich infolge der übergroßen mechanischen Belastung an irgendeiner Stelle ein Riß gebildet, der aber nicht von Elektrode zu Elektrode geht. Infolgedessen wird die Spannung zunächst noch gehalten. Der Isolator ist aber an dieser Stelle geschwächt und wird allmählich, keinesfalls aber plötzlich zerstört. Eine Elastizitätsgrenze ist demnach bei dem untersuchten Porzellan in elektrischer Beziehung jedenfalls nicht vorhanden. Wird die mechanische Belastung groß genug, so erfolgt eben der Niederbruch, ist sie kleiner, so wird das Material auch bei gleichzeitiger Belastung in keiner Weise geändert. Der Unterschied zwischen der Masse A, C und der Masse B ist in bezug auf mechanische Haltbarkeit beträchtlich, und zwar sind auch in dieser Beziehung die Isolatoren aus Masse B denen aus Masse A und C stark überlegen. Abgesehen davon, daß die Bruchlast überhaupt größer ist, ist bei Masse B keine Änderung des Verlustwinkels bis zum völligen Bruch vorhanden. Es stimmt diese Erscheinung damit überein, daß bei Isolatoren der Masse B eine „elektrische Minderung" i. a. nicht vorhanden ist, so daß diese Isolatoren bis zum völligen Bruch die volle Spannung aushalten.

8. Einfluß der Stoßprüfung.

Bekanntlich fallen bei einer Wiederholung der elektrischen Prüfung immer wieder einige Isolatoren aus. Das gilt nicht nur für die normale Wechselstromprüfung, sondern im geringeren Maße auch für die Stoßprüfung[1]). Ferner kommen selbst bei

---

[1]) Diese Erscheinung zeigt sich natürlich in weit höherem Maße, wenn man eine ungeeignete Stoßanordnung verwendet, z. B. bei unarmierten Isolatoren das Klöppelloch mit Wasser füllt (Hermsdorf-Mitteilungen 1924, Heft 14.).

Isolatoren, die mit sehr hoher Stoßspannung und Schlagzahl vorgeprüft sind, noch Durchschläge bei der darauffolgenden Wechselstromprüfung vor. Es stimmt dies überein mit der jetzt allgemein gültigen Anschauung, daß Wechselstrom- und Stoßprüfung nicht durchweg dieselben Fehler ausscheiden, da die Beanspruchungen verschiedener Natur sind. Während die Wechselstromprüfung eine elektrische bzw. thermoelektrische Beanspruchung darstellt, setzt die Stoßprüfung zweifellos den Isolator auch stoßweise starken mechanischen Belastungen aus dadurch, daß plötzlich gewaltige Energiemengen auf den Isolator prallen. Auch der Scherben des durch Stoß zerstörten Isolators deutet darauf hin, da er den für mechanische Zerstörungen charakteristischen Bruch zeigt[1]). Eine restlose Erklärung des physikalischen Vorganges ist dies aber keineswegs; während nämlich bei allmählicher mechanischer Belastung eine Änderung des Verlustwinkels bis kurz vor dem Durchschlag nicht eintritt, wächst bei Belastung durch steile Gleichstromstöße der Verlustwinkel mehr oder weniger an, wie Zahlentafel 9 zeigt.

An einer großen Anzahl Isolatoren wurde zunächst der Verlustwinkel gemessen, dann wurden diese Isolatoren der Stoßprüfung unterworfen und nachher wieder der Verlustwinkel gemessen. Die Stoßspannung war konstant $= 190\ \mathrm{kV}_{\mathrm{maximal}}$, am Isolator gemessen.

Zahlentafel 9.

Isolatorform	Schlagzahl	tang d	Öldurchschlagsspannung kV
	0	0,026	
	20	0,041	
	520	0,040	116
	0	0,021	
Kappenhängeisolator, Masse A	20	0,023	
	520	0,033	127
	0	0,039	
	0	0,037	
	0	0,036	
	100	0,083	108

---

[1]) Vgl. Bucksath, W.: ETZ 1923, Heft 42, 44, 52; Marx, E.: ETZ 1924, Heft 25.

Zahlentafel 9 (Fortsetzung).

Isolatorform	Schlagzahl	tang d	Öldurchschlagsspannung kV
Kappenhängeisolator, Masse B	0	0,026	
	500	0,029	
	1000	0,031	
	3000	0,027	141
Untraisolator, Masse B . . .	0	0,028	
	200	0,028	
	300	0,034	
	400	0,035	
	500	0,039	
	1400	0,041	168
	0	0,024	
	200	0,024	
	300	0,026	
	800	0,028	170

Aus diesen wahllos herausgenommenen Wertereihen ergibt sich, daß bei einigen Isolatoren durch die Stoßprüfung der Verlustwinkel vergrößert wurde. Ein Durchschlag ist jedoch bei diesen Isolatoren trotz teilweise sehr hoher Schlagzahlen nicht erfolgt.

Es zeigt sich, daß auch hier wieder die Masse B der Masse A stark überlegen ist, insofern als die Änderung des Verlustwinkels bei Masse B entweder überhaupt nicht oder erst bei sehr hohen Schlagzahlen einsetzt, die bei der Stoßprüfung als Massenprüfung niemals angewendet werden. Bei Isolatoren der Masse A dagegen tritt die Erhöhung des Verlustwinkels teilweise schon bei sehr niedrigen Schlagzahlen ein, was mit der größeren Empfindlichkeit dieser Isolatormasse gegen Stoßbeanspruchung übereinstimmt. Obgleich also die Größe des Verlustwinkels kein Maß für die Durchschlagssicherheit bei Stoßbeanspruchung ist, wie aus Abschnitt C, 2 hervorgeht, so muß doch insofern ein Zusammenhang bestehen, als Isolatoren, deren Verlustwinkel durch Gleichstromstöße stark vergrößert werden, leichter durchschlagen als andere, deren Verlustwinkel nur wenig oder gar nicht geändert werden.

In Zahlentafel 9 sind ferner die Durchschlagsspannungen unter Öl angegeben, die nach erfolgter Stoßprüfung festgestellt wurden. Danach ergibt sich bei den Isolatoren, bei denen schon nach einer geringen Schlagzahl der Verlustwinkel wesentlich vergrößert wird, eine niedrige Öldurchschlagsspannung, während bei den Isolatoren, deren Verlustwinkel erst bei sehr hohen Schlagzahlen ansteigen, die Herabsetzung der Öldurchschlagsspannung nicht so beträchtlich ist, als man nach dem absoluten Betrage des Verlustwinkels annehmen müßte.

Weitere Untersuchungen auf diesem Gebiete, die vor allen Dingen bezwecken, den physikalischen Vorgang beim Stoßdurchschlag zu erfassen, sind im Gange und werden nach Beendigung der Versuche mitgeteilt werden.

Zusammenfassung.

Die Versuchsergebnisse zeigen, daß der einwandfreien Messung des Verlustwinkels an Porzellanisolatoren große Schwierigkeiten entgegenstehen. Vor allen Dingen ist der Verlustwinkel nicht ganz allgemein, wie bei anderen geschichteten Stoffen, als ein Maß für die Güte des Materials aufzufassen. Selbst wenn sich die Prüfung lediglich nach der in der Phys. Techn. Reichsanstalt angegebenen Methode auf Porzellan-Zylinder erstreckt, kann man nicht ohne weiteres sagen, daß bei höherem Verlustwinkel und demnach niedrigerer Durchschlagsspannung die betreffenden Porzellanisolatoren geringwertiger sind. Es kommt ja nicht allein auf die Durchschlagsspannung an, sondern heute in weit höherem Maße auf die mechanischen Eigenschaften wie Zerreißfestigkeit, Schlagbiegefestigkeit, Biegefestigkeit und Widerstandsfähigkeit gegen schroffe Temperaturänderungen, obgleich selbstverständlich auch die elektrischen Eigenschaften nicht zu vernachlässigen sind. Sollten aber die Verlustwinkelmessungen unter die Prüfvorschriften aufgenommen werden, so ist diesen Erwägungen weitgehend Rechnung zu tragen.

Dagegen ergibt sich aus obigen Versuchen, daß die Verlustwinkelmessungen sehr geeignet sind, zur Klärung der physikalischen Vorgänge bei der elektrischen Beanspruchung fester Körper beizutragen.

Im einzelnen erhält man folgende Ergebnisse:

A. Mit Hilfe besonderer Probekörper, die mit einem geeigneten Metallbeleg überzogen sind, kann man durch Messung der Absolutwerte des Verlustwinkels feststellen:

    1. Die elektrische Durchschlagsfestigkeit der Porzellanmasse.

    2. Die Brauchbarkeit für Hochspannung.

    3. Die Widerstandsfähigkeit gegen Temperaturstürze.

B. An gebrauchsfertigen Porzellanisolatoren kann man durch Messung der Relativwerte des Verlustwinkels feststellen:

    1. Fehlerhafte Stücke aus einer großen Isolatorenserie.

    2. Mechanische Widerstandsfähigkeit ohne elektrische Minderung.

    3. Widerstandsfähigkeit gegen Temperaturstürze.

GPSR Compliance
The European Union's (EU) General Product Safety Regulation (GPSR) is a set
of rules that requires consumer products to be safe and our obligations to
ensure this.

If you have any concerns about our products, you can contact us on

ProductSafety@springernature.com

In case Publisher is established outside the EU, the EU authorized
representative is:

Springer Nature Customer Service Center GmbH
Europaplatz 3
69115 Heidelberg, Germany

www.ingramcontent.com/pod-product-compliance
Lightning Source LLC
LaVergne TN
LVHW092036190726
843493LV00002B/702